AF511330

Sitzungsberichte
der Akademie der Wissenschaften
der DDR
Mathematik – Naturwissenschaften – Technik

5 N
1978

Horst Lyr

Stand und Probleme der Chemotherapie von Pflanzen

AKADEMIE-VERLAG · BERLIN

Sitzungsberichte
der Akademie der Wissenschaften
der DDR
Mathematik — Naturwissenschaften — Technik

Jahrgang 1978 · Nr. 5/N

Horst Lyr

Stand und Probleme der Chemotherapie von Pflanzen

AKADEMIE-VERLAG · BERLIN
1978

Vortrag von Prof. Dr. sc. Horst Lyr,
Institut für Pflanzenschutzforschung
der Akademie der Landwirtschaftswissenschaften der DDR,
gehalten vor der Klasse Biowissenschaften
am 27. Januar 1977

Herausgegeben im Auftrage
des Präsidenten der Akademie
der Wissenschaften der DDR
von Vizepräsident Prof. Dr. Heinrich Scheel

Erschienen im Akademie-Verlag, 108 Berlin, Leipziger Straße 3—4
© Akademie-Verlag, Berlin 1978
Lizenznummer: 202 · 100/217/78
Gesamtherstellung: VEB Druckhaus Köthen
Bestellnummer: 762 645 7 (2010/78/5/N) · LSV 1315
Printed in GDR
DDR 2,— M

Die Pflanzenproduktion ist die Primärquelle der Ernährung für Mensch und Tier. Sie hat allein in unserer Republik einen Wertumfang von jährlich 12,5 Mrd. Mark. Von ihrer Stabilität hängt nicht nur die Sicherheit der Nahrungsgüterproduktion sondern auch die der Volkswirtschaftsplanung in nicht unbeträchtlichem Umfange ab. Pflanzenkrankheiten sind z. Z. mit etwa 50% an den Gesamtverlusten von 20 bis 25% der im Durchschnitt möglichen Ernteerträge in Europa beteiligt. Besonders gefährlich sind durch Witterungsextreme oder Epidemien ausgelöste Ausuferungen bestimmter Krankheitserreger in einzelnen Jahren, die dann die Ertragsfähigkeit von Pflanzen- und Lagerbeständen ernstlich gefährden und empfindliche Versorgungsstörungen hervorrufen. Aber auch permanente, oft wenig beachtete Schäden haben große ökonomische Auswirkungen. Resistenzzüchtung und chemischer Pflanzenschutz in Kombination mit phytosanitären und ackerbaulichen Maßnahmen sind bemüht, Ertragsverluste und Ertragsschwankungen in möglichst engen Grenzen zu halten. Dabei zeigen allerdings Prognosen, daß über das Jahr 2000 hinaus weder Resistenzzüchtung noch chemische Maßnahmen allein das Problem lösen können, vielmehr eine optimale Abstimmung der Möglichkeiten auf Sortenbasis die beste Lösung darstellen dürfte, die sowohl einen möglichst raschen Zuchtfortschritt bezüglich der Ertragsleistung, Qualität und vieler anderer Parameter erlaubt und dem aktiven Pflanzenschutz gestattet, seine Waffen zur Krankheitsbekämpfung in effektiver Weise einzusetzen. Im Rahmen dieses Beitrages möchte ich mich auf die Bekämpfung von Pilzkrankheiten beschränken, da Pilze als Krankheitsursachen bei Pflanzen die größte Rolle spielen.

Die Anwendung chemischer Mittel zur Krankheitsbekämpfung bei Pflanzen reicht weit bis in das Altertum zurück, wo bereits Schwefel benutzt wurde, um Schäden an Pflanzen zu verhindern. Analog zur Chemotherapie in der Medizin ist die erste Generation chemischer Pflanzenschutzmittel durch anorganische Verbindungen, wie Schwefel oder Kupfer- und Quecksilber-Salze charakterisiert. Diese Periode hatte mit der Entdeckung der so genannten „Bordeaux-Brühe" (einer Kupfer-Kalk-Mischung) durch den Franzosen Milladet einen Höhepunkt erreicht. Auch heute werden noch in einigen Fällen anorganische Präparate (Schwefel-, Kupfermittel oder Quecksilber-Verbindungen) angewandt; ihre Bedeutung ist jedoch im Schwinden. Nach 1940 begann mit der Entdeckung leicht herstellbarer und hochwirksamer organischer Verbindungen aus der Familie der Thiocarbamate eine neue Phase. Berühmt geworden und teilweise heute noch unentbehrliche Verbindungen dieser zweiten Generation von Fungiziden sind Wirkstoffe wie Ferbam, Thiuram, Zineb, Maneb, hauptsächlich also schwerlösliche Metallkomplexe mit Eisen, Zink, Mangan oder Captan, Folpet, Phaltan u. ä. aus der Gruppe der N-Trichlormethylthio-Fungizide. Bei dem Zerfall derartiger Verbindungen entstehen reaktive Produkte (Äthylenthioharnstoff, Methylisothiocyanate oder Thiophosgen), die auf lebende Zellen stark toxisch wirken. Da solche Fungizide sehr schwer löslich sind, ist die Pflanze durch die Kutikula vor einer Vergiftung geschützt, und nur anfliegende Pilzsporen werden abgetötet. Derartige Präparate stellen heute noch den Hauptteil der im Pflanzenschutz eingesetzten Fungizide dar, da sie relativ billig herstellbar und gut wirksam sind. Erforderlich ist ein dichter Bedeckungsgrad durch die Fungizidpartikel auf den zu schützenden Pflanzenteilen und eine hohe Regenbeständigkeit des Schutzbelages, was nicht leicht zu realisieren ist. In jüngster Zeit wurden Bedenken aus toxikologischer Sicht gegen Dithiocarbamate wegen der Bildung des relativ stabilen Äthylenthioharnstoffes, einer kanzerogenen Verbindung, angemeldet (Vonk, 1971; Dekhuijzen et al. 1971; Engst und Schnaak, 1974). Allen bisher genannten Verbindungen ist gemeinsam, daß sie durch ihre Zerfallsprodukte von genereller Toxizität sind und als PSM nur protektiv wirken, indem sie nach Applikation auf der Blattoberfläche einen fungiziden Belag bilden, der anfliegende und keimende Pilzsporen abtötet, bereits eingetretene Infektionen jedoch nicht zu eliminieren vermag.

Diese Situation ist vergleichbar mit dem Stand der Medizin bei Verwendung von Jod, Bor, Schwefelpudern, Zinksalben, Phenolen, Salizylaten und anderen oberflächlich wirkenden Antiseptika. Von einer Chemotherapie bei Pflanzen kann in einer solchen Situation noch kaum die Rede sein, da kein kurativer Effekt zu erzielen ist. Praktisch einsetzbare Fungizide einer dritten Generation wurden mit den Oxathiin-Derivaten (z. B. Carboxin) um 1966 in den USA entdeckt (Schmeling and Kulka, 1966) (Abb. 1). Hier zeigte sich, daß nicht nur ein protektiver Oberflächeneffekt zu gewährleisten ist, sondern daß Carboxin über die Wurzel aufgenommen wird, sich im System der Pflanze mit dem Wasserstrom verteilt und damit innertherapeutische Wirkungen entfaltet, d. h. die Entwicklung bereits eingedrungener Erreger verhindert. Damit war der Beweis erbracht, daß eine innere Therapie auch bei Pflanzen möglich ist, was lange Zeit prinzipiell angezweifelt worden war. Durch Veränderung der Screening-Bedingungen wurden danach in erstaunlich rascher Folge andere chemische Verbindungen gefunden, die ebenfalls systemisch-fungizide Eigenschaften haben. Heute sind etwa 20 bis 25 Substanzen dieser Art bekannt, die zum praktischen Einsatz kommen. Beispiele hierfür sind Benomyl, ein Benzimidazol-Fungizid von großer Anwendungsbreite oder Tridemorph, Triforine, Ethirimol, Triadimefon. Einige haben eine besonders gute Wirkung gegen echte Mehltaupilze und können bereits bei einer Menge von 250 g bis 2500 g pro Hektar eine Mehltauinfektion bei Getreide eliminieren. Nur ganz wenige Fungizide wirken jedoch gegen sogenannte niedere Pilze aus der Gruppe der Oomyceten, zu denen so wichtige Schadpilze wie *Phytophthora-*, *Pythium-* und *Peronospora*-Arten gehören. Gegen diese Pilzgruppe, die den höheren Pflanzen offenbar phylogenetisch näher steht, haben sich in begrenztem Umfange Präparate wie Terrazol, Chloroneb und neuerdings DPX 3217 bewährt (siehe Abb. 1).

Allen bisher bekannten systemischen Präparaten ist gemeinsam, daß sie mehr oder weniger gut durch die Kutikula in das Blatt eindringen und dadurch eine kurative Tiefenwirkung entfalten oder bei Applikation über die Wurzel sich über das Wasserleitungssystem in der Pflanze ausbreiten, wobei die Anreicherung in einzelnen Teilen der Pflanze mit deren Transpirationsintensität annähernd parallel geht.

Ein Ferntransport über das Phloem ist bisher noch nicht mit Sicherheit nachgewiesen worden. Gerade diese Transportform wäre aber eine der interessantesten, ermöglichte sie doch bei einer einfachen Blattapplikation eine Wirkstoffverteilung in allen Pflanzenteilen bis hin zur Wurzel, was aus praktischen Gründen für die Bekämpfung vieler Krankheiten ideal wäre. Daß eine solche Möglichkeit des Transportes xenobiotischer Substanzen über das Phloem prinzipell möglich ist, beweist das Verhalten synthetischer Indolylessigsäureanaloga, wie 2,4-Dichlorphenoxyessigsäure oder solcher Herbizide wie Reglone und Grammoxone. Aus praktischen Gründen kommt bei Phytotherapeutika nur eine Wurzel- oder Blattapplikation in Betracht. Eine Wurzelapplikation hat den Nachteil, daß ein unbekannter Teil des Wirkstoffes bei Zugabe über den Boden durch Sorption an Bodenbestandteile und Abbau durch Mikroorganismen die Pflanze nicht erreicht. Zwar nimmt die Wurzel wesentlich leichter xenobiotische Stoffe auf als andere Pflanzenteile, durch die Endodermis und die sogenannte Casparischen Streifen sind jedoch Penetrationsbarrieren eingeschaltet, die einen apoplastischen Transport behindern. Trotz sehr zahlreichen Arbeiten zu Fragen der Aufnahme von Substanzen durch die Wurzel existiert noch keine genügend abstrakte Theorie zwecks Voraussage notwendiger molekularer Eigenschaften wurzelaufnehmbarer Substanzen. Offensichtlich sind verschiedene Aufnahmemechanismen, teils aktiver, teils passiver Art vorhanden.

Eine Blattaufnahme mit anschließender Weiterleitung einer Substanz an das Phloem stellt sich noch komplizierter dar, was sicher der Grund einer geringeren Auffindungswahrscheinlichkeit derartiger Verbindungen ist. Zunächst muß eine ausreichende Absorption an die Oberfläche des Blattes gegeben sein, die häufig durch eine mehr oder weniger dicke Wachsschicht bedeckt ist, die je nach Pflanzensorte und Umweltbedingungen variiert.

Darauf muß die Substanz die Kutikula-Barriere überwinden, was im allgemeinen eine gewisse Lipophilie voraussetzt, um danach apo- oder symplastisch zu den Phloemzellen zu gelangen, was eine größere Hydrophilie verlangt, damit entsprechend den Lipidverteilungskoeffizienten nicht eine unerwünschte, zu starke Anreicherung in lipidreichen Grenzschichten und Organellen (Chloroplasten und Mitochondrien) der Pflanze eintritt. Schließlich muß der Wirkstoff so beschaffen sein, daß er mit der aktiven Aufnahme von Sacchariden in das Phloem der Pflanze gelangt und über dieses in andere Pflanzenteile verteilt wird.

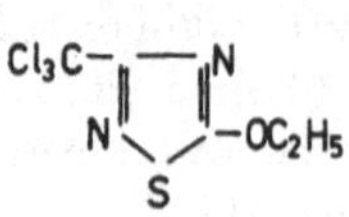

Terrazol

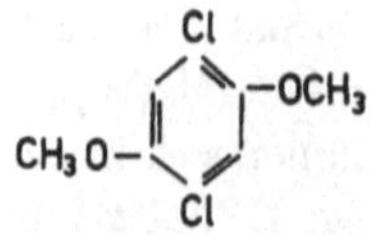

Chloroneb

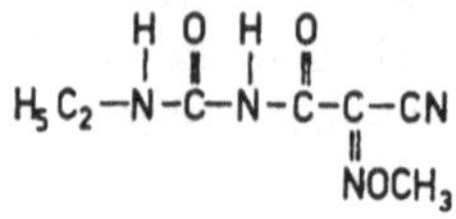

DPX 3217

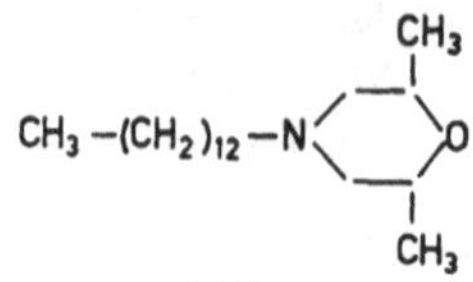

Tridemorph

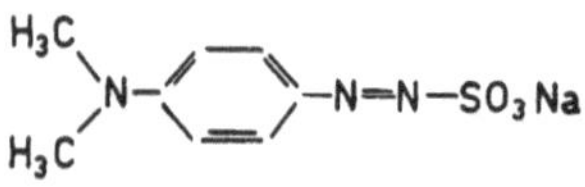

Dexon

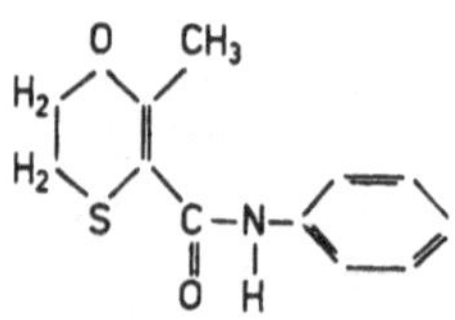

Carboxin

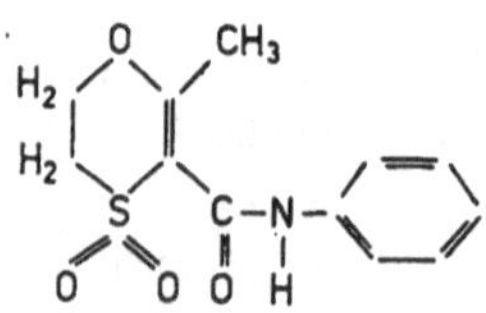

Oxycarboxin

Abb. 1a

Abb. 1 Strukturformeln wichtiger moderner Fungizide mit systemischer, d. h. innertherapeutischer Wirkung

Leider fehlen zur Zeit noch ausreichende pflanzenphysiologisch-biochemische Grundlagen über den Mechanismus des Eintrittes von Fremdstoffen in das Phloem, welcher mit hoher Wahrscheinlichkeit mit einem aktiven Stofftransportmechanismus noch unbekannter Art verbunden ist, um Parameter dem Synthesechemiker bezüglich der spezifischen Konfiguration geeigneter Verbindungen vorgeben zu können.

Es bedarf wohl keiner näheren Beweisführung, daß neben einer fungiziden Eigenschaft das Molekül eines solchen Wirkstoffes weitere spezifische Parameter erfüllen muß. Wenn auch die Anforderungen an die chemische Natur solcher Verbindungen hoch sind, gibt es zur Zeit keinen Grund, an der prinzipiellen Möglichkeit der Auffindung derartiger Verbindungen zu zweifeln. Geht man allerdings von dem gegenwärtig noch in der Welt verbreiteten weitgehend zufallsmäßig arbeitenden Screeningsystem für neue Wirkstoffe aus, so beweisen die Erfahrungszahlen, daß mit steigenden Anforderungen an die Eigenschaften von neuen Verbindungen

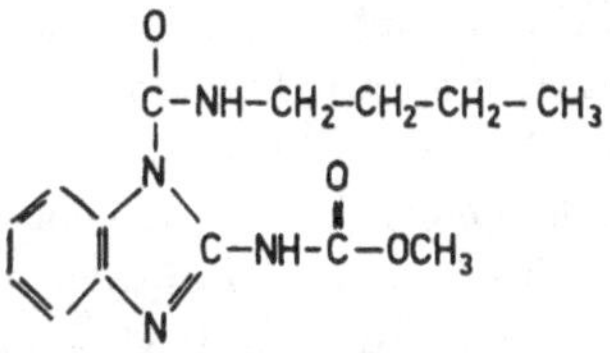

Benomyl

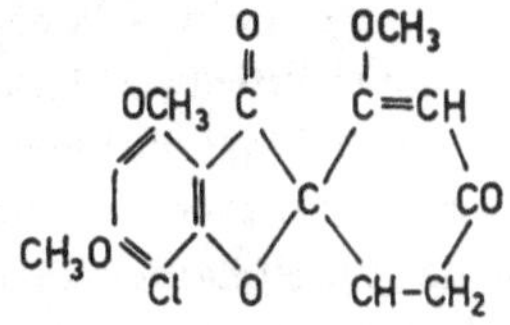

Griseofulvin

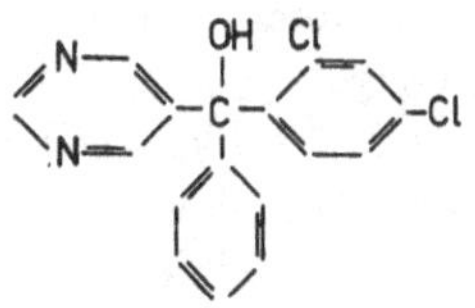

Triarimol

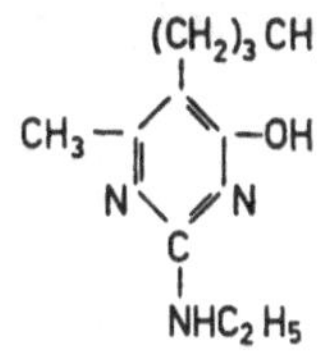

Ethirimol

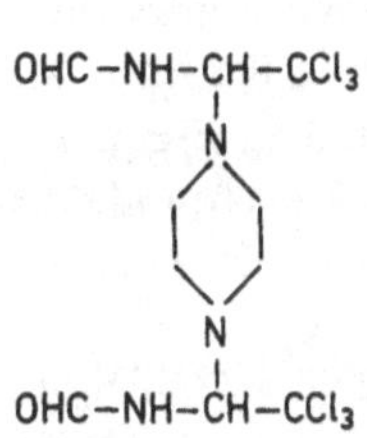

Triforine

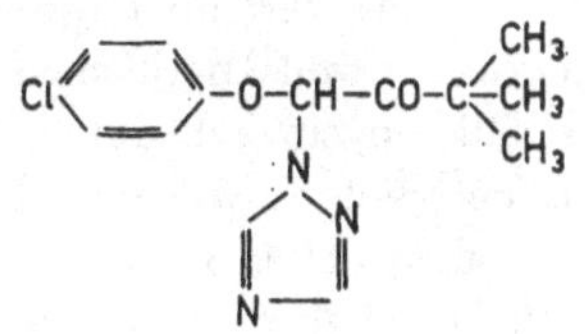

Triadimefon
(MEB 6447)

Abb. 1b

die Auffindungsrate gesetzmäßig abnimmt. Rechnete man vor über 10 Jahren noch mit einer Auffindungswahrscheinlichkeit von 1:5000 bis 1:10 000, so kann man bei systemisch beweglichen, innertherapeutisch wirkenden Substanzen mit einer solchen von 1:80 000 bis > 1:100 000 rechnen. Bei phloembeweglichen Substanzen ist die Auffindungsrate sicher wesentlich niedriger als bei xylembeweglichen, wie die praktischen Erfahrungen lehren. Die Folge ist, daß nur noch Konzerne und Betriebe mit großen Forschungsmitteln Neuentwicklungen nach dem bisherigen System betreiben können, wobei auch toxikologische Anforderungen zu berücksichtigen sind.

Gegenwärtig sind innertherapeutisch wirkende Präparate in der Regel dadurch ausgezeichnet, daß sie ausgesprochene fungizide bzw. fungistatische Eigenschaften haben und eine relativ stärkere Wirkung gegenüber dem Pilz als gegenüber höheren Pflanzen besitzen, wobei der Wirkungsquotient Pflanze/Pilz zwischen 1:30 bis > 1:1000 liegt.

In einigen wenigen Fällen können positive Nebenwirkungen physiologischer Art auf die Pflanze den therapeutischen Effekt begünstigen aber auch reduzieren (z. B. Kinetin-artige Wirkung einiger Benzimidazol-Fungizide, Skene, 1972). Bisher sind noch keine Verbindungen zum praktischen Einsatz gekommen, die ausschließlich über eine Resistenzerhöhung der Wirtspflanze zu einer Abwehr von Pilzinfektionen führen. Das könnte durch das bisher praktizierte Screeningsystem bedingt sein, kann aber auch objektive Gründe haben, da die Abwehrsysteme in der Pflanze häufig hochspezifisch sind, komplex wirken und einer unterschiedlichen Steuerung und Induktion unterliegen. Obwohl eine solche Wirkung prinzipiell möglich ist, läßt sich gegenwärtig noch keine Aussage treffen, ob ein solcher Weg für eine Phytochemotherapie in der Perspektive eine größere Bedeutung erlangen wird. Möglich und wahrscheinlich sind jedoch kombinierte Wirkungen.

Bei einigen neueren Wirkstoffen zeigt sich zwar, daß sie in vitro keine oder nur eine schwache fungizide Wirkung haben, in der Wirt-Parasit-Kombination jedoch die Infektion eliminieren können. Beispiele hierfür sind das Antibiotikum Validamycin, das die Infektiosität von *Rhizoctonia*artigen Pilzen eliminiert, ohne das Wachstum zu beeinträchtigen (Iwasa et al. 1971) und Tricyclazole, eine spezifisch gegen *Pyricularia oryzae* wirkende Substanz (Sisler and Tokousbalides 1978). Erklärungsmöglichkeiten für ein solches Verhalten wären Toxifizierungsschritte im Wirt-Parasit-System, eine Blockierung von Angriffsmechanismen der Pilze (Enzym- oder Toxin-Produktion), bei Validamycin evt. durch Inhibierung der Inosit-Synthese, oder durch Inhibierung der Bildung von toxischen Sekundärprodukten des Stoffwechsels (Tricyclazole). In allen Fällen würde es sich aber um eine primäre, spezifische Beeinflussung des Pilzmetabolismus handeln.

Interessant ist der Nachweis, daß die Verbindung WL 28325 (2,2-Dichlor-3,3-dimethyl-cyclopropan-carboxylsäure) Reispflanzen in einer noch unbekannten Weise dazu anregt, bei einer Infektion durch *Pyricularia oryzae* die Phytoalexine Momilacton A und B zu bilden, die auch nach UV-Bestrahlung entstehen, wodurch eine Pilzinfektion infolge einer Hypersensivitätsreaktion abgewehrt wird (Cartwright et al. 1977). Hier liegt offensichtlich eine Resistenzinduktion durch Beeinflussung der Wirtspflanze vor. Offenbar sind jedoch die zuletzt beschriebenen Mechanismen sehr spezifisch für einige spezielle Wirt-Parasit-Kombinationen, was eine praktische Verwertung solcher Effekte aus ökonomischen Erwägungen verhindern kann. Immerhin ist damit zu rechnen, daß in Zukunft kompliziertere Eingriffe in die Wechselwirkung von parasitischen Pilzen und ihren Wirtspflanzen einer chemotherapeutischen Beeinflussung zugänglich werden.

Antifungale Antibiotika, auf die man zunächst große Hoffnungen in der Phytotherapie wegen ihrer meist guten Selektivität und hohen Wirksamkeit gesetzt hatte, haben sich im Unterschied zur Humanmedizin aus verschiedenen Gründen nur sehr selten für einen praktischen Einsatz durchgesetzt (Dekker 1978). Daher überwiegen chemosynthetisch hergestellte Verbindungen, von denen die moderneren als innertherapeutisch wirkende Fungizide sehr spezifisch in den Stoffwechsel der Pilze eingreifen (Lyr 1977 a), was den in der Medizin verwendeten Chemotherapeutika (Antibiotika, Sulfonamide u. ä.) entspricht. Unter den selektiv wirkenden antifungalen Antibiotika sind hier die Polyoxine besonders erwähnenswert, da sie einen sehr pilzspezifischen Prozeß, die Chitinsynthese in hochspezifischer Weise angreifen. Ihre Wirkung beruht auf einer Strukturanalogie zu UDP-N-Azetylglukosamin, dem Präkursor des polymeren Chitins (Abb. 2). Polyoxin D besitzt

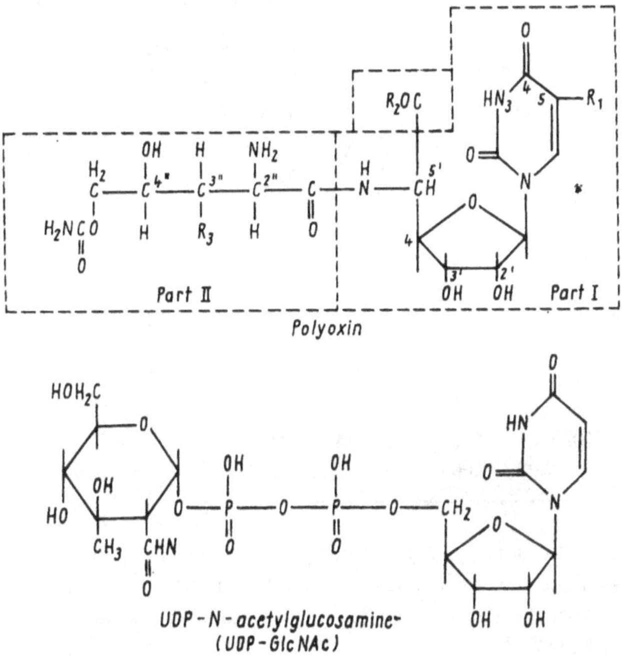

Abb. 2 Vergleich der Strukturen von Polyoxin D und dem Chitinpräkursor UDP-N-Azetylglukosamin

auch eine gewisse systemische Beweglichkeit. Aus noch nicht geklärten Gründen sind jedoch nicht alle chitinsynthetisierenden Pilzarten gegen dieses Antibiotikum empfindlich (Endo and Misato 1969, Ohta et al. 1970, Gooday 1978, Lyr und Seyd 1978).

Hierdurch ist ein Beispiel gegeben, wie eine relative Selektivität gegenüber Pilzen im Verhältnis zu höheren Pflanzen entsteht. Eine solche läßt sich sogar innerhalb der Gruppe der Pilze nachweisen (Tab. 1). Andererseits kann in einigen Fällen, ähnlich wie bei den in der Medizin verwendeten Antibiotika, eine Resistenzbildung durch Ein-Gen-Mutationen der Krankheitserreger eintreten. Protektive Fungizide älteren Typs wirken unspezifisch durch chemische Reaktion mit Sulfhydryl-, Amino- oder Carboxyl-Gruppen von Zellproteinen oder Membranbestandteilen, was zwar eine innertherapeutische Verwendung wegen allgemeiner Toxizität ausschließt, aber auch keine Resistenzbildung zuläßt.

Tab. 1 Vergleich der fungiziden Wirkung (ED_{50} in ppm) einiger Verbindungen gegenüber ausgewählten Pilzarten verschiedener taxonomischer Gruppen (nach Lyr 1978 a)

	Polyoxin D	Benomyl	Griseofulvin	Carboxin	Triforine	Triarimol	Pyrazophos	Aureofungin	Terrazol	Tridemorph
Phytophthora cact.	150	50	100	100	20	100	100	100	1	300
Pythium debaryanum	200	100	100	100	15	100	100	100	1	60
Mucor mucedo	15	100	70	50	20	10	30	0,5	8	300
Erysiphe graminis	20	7	0,5	20	1	0,02	0,25	10	20	0,02
Penicillium chrysogenum	200	0,2	100	50	200	10	100	10	90	150
Fusarium oxysporum	200	2	10	200	20	3	100	10	70	300
Gloeosporium fructigenum	120	0,2	100	300	50	100	100	10	80	10
Cladosporium cucumerinum	4	0,2	100	10	150	0,1	100	10	50	3
Verticillium albo-atrum	70	0,2	1	5	80	0,2	100	1,5	40	0,3
Rhizoctonia solani	70	5	100	5	60	10	100	1	70	40
Trametes versicolor	40	100	100	5	30	0,3	50	10	30	6

Aus Literaturbefunden und eigenen Untersuchungen zeichnen sich bei systemischen Fungiziden, die sich im praktischen Einsatz bewährt haben, folgende Wirkungsmechanismen ab, wobei die Klärung der Kausalzusammenhänge unterschiedlich weit fortgeschritten ist (Tab. 2).

Hochwirksam sind Substanzen, die in den Mechanismus der Kernteilung durch Interaktion mit der Bildung der Mikrotubuli eingreifen (Benzimidazolderivate, Griseofulvin). Hier zeigt sich eine sehr ausgesprochene Gruppenspezifität der Wirkung, da nur bestimmte Pilzgruppen z. B. gegen Benomyl oder. Griseofulvin empfindlich sind, die wiederum auf Colchizin als Mitosegift nicht reagieren, während die Colchizin-empfindlichen Organismen (höhere Pflanzen, niedere Pilze u. a.) auf die oben genannten fungiziden Wirkstoffe nicht ansprechen. Die Empfindlichkeit des Kernteilungssystems gegen Benomyl ist erstaunlich hoch, da bereits Mengen im nMol Bereich für eine Wirkung in situ ausreichen dürften (Clemons and Sisler 1969, Kappas and Georgopoulos 1974, Davidse 1975). Ebenfalls von erstaunlich großer Wirksamkeit haben sich Sterol-Synthese-Blocker erwiesen, zu denen Fungizide wie Triarimol, Triforine, Triadimefon, Trimorphamid gehören (Abb. 1) (Ragsdale 1975, Sherald et al. 1973, Buchenauer 1975). Sie besitzen teilweise ein ziemlich breites Wirkungsspektrum, mit besonderem Schwerpunkt gegenüber echten Mehltau-Arten. Ob hierbei nur die Ergosterin-Synthese oder speziellere Synthesen angegriffen werden, ist noch nicht endgültig geklärt.

Tab. 2 Zusammenfassende Übersicht über die Stoffwechselbereiche, in die verschiedene Fungizide primär eingreifen (S = Systemfungizid, A = Antibiotikum)

		Wirkung										
Fungizide		Membran	Atmung	NADH-DH	Protein-Synthese	RNS-Synthese	DNS-Synthese	Purin-Synthese	Kernteilung	Zellteilung	Sterol-Synthese	Chitin-Synthese
Aureofungin	A/(S)	+	(+)								(+)	
Benomyl	S	—	(+)				—		+			
Thiabendazol	S	—	(+)				—		+			
Thiophanat	S	—	—				—		+			
Griseofulvin	A/S	—	—				—		+			
Tridemorph	S	(+)	+	+	?							+
Chloroneb	S	(+)	+				—			+ ?		
Dexon	S	—	+	+								
Oxathiine	S	—	+	—	—	—	—					
Pyrolnitrin	(S)	(+)?	+	(+)?								
Pyrazophos	S	—	(+)	+								
Ethirimol	S							+ ?				
Polyoxin D	A/S	—										+
Kitazin		+										(+)
Hinosan	S	+										(+)
Triarimol	S										+	
Triforine	S										+	
Phytoactin	A					+						
Kasugamycin	A				+							
Blasticidin S	A				+							

Hemmstoffe der Protein-, RNS- oder DNS-Synthesen sind unter den chemosynthetisch hergestellten Fungiziden dagegen bisher nicht vertreten. Offenbar reicht die in der Struktur verschlüsselte Information für einen spezifischen Angriff auf diese Stoffwechselbereiche nicht aus.

Eine größere Zahl von Verbindungen hat überraschender Weise den Hauptangriffsort im mitochondrialen Atmungssystem der Pilze. Hierzu gehören das Carboxin und Analoga, Terrazol, Dexon, Chloroneb und wahrscheinlich auch Tridemorph. Mit diesen Verbindungen, die teilweise eine ausgesprochene Spezifität für Pilze aus der Gruppe der Basidiomyzeten und Oomyzeten besitzen, haben wir uns in Kooperation mit dem Institut für Biologische und Physiologische Chemie der Humboldt-Universität zu Berlin eingehender befaßt. Ihre Angriffspunkte sind in Abb. 3 zu erkennen. Die Wirkungsmechanismen sind sehr verschieden.

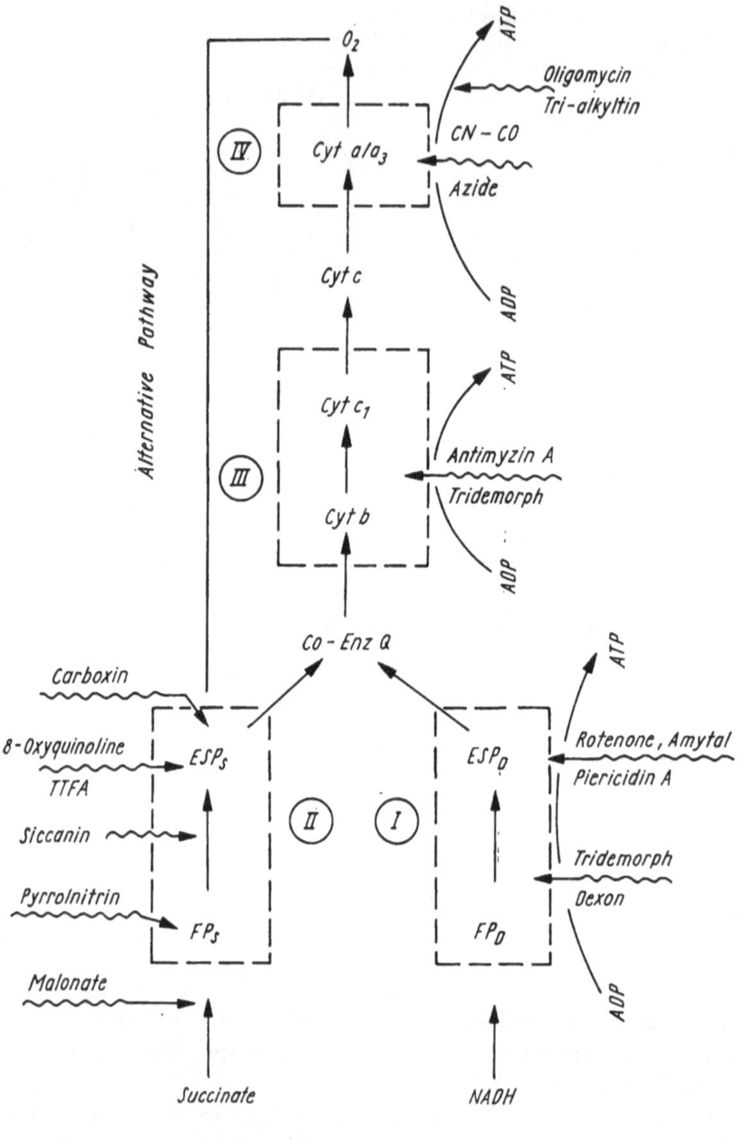

FP = Flavoprotein
ESP = Nonhaem - iron - sulfur - protein

Abb. 3 Angriffspunkte systemischer Fungizide und anderer Hemmstoffe in der mitochondrialen Atmungskette (Nach LYR 1977 b)

Am besten untersucht ist durch internationale und eigene Aktivitäten das Carboxin, ein relativ spezifischer Wirkstoff im Einsatz gegen Rost- und Brandpilze. Eingehende biochemische Forschungen zeigten, daß der Angriff am Succinodehydrogenase-Komplex erfolgt und zwar nicht am Flavoprotein-Anteil, sondern an einem Schwefel-Eisen-Protein, das für die Elektronenübertragung auf Ubichinon essentiell ist (wahrscheinlich identisch mit dem HIPIP-Protein, das kürzlich näher charakterisiert wurde). Carboxin verhindert den Valenzwechsel von Fe^{++} zu Fe^{+++} und damit die Energieübertragung auf das Cytochromsystem (Schewe et al. 1973). Aus den vorhandenen Daten einer Röntgenfeinstruktur-Analyse, vergleichenden Untersuchungen über die Wirksamkeit systematisch abgewandelter Carboxinderivate sowie dem in der Literatur beschriebenen neuesten Stand der Kenntnisse über die Struktur des Schwefel-Eisen-Protein-Komplexes wurde eine Modellvorstellung über die Wirkstoff-Rezeptor-Interaktion entwickelt. (Schewe et al. 1978).

Die Untersuchungen über Carboxin haben zu einer neuen Theorie über den cyanidunempfindlichen Atmungsweg bei Pilzen und Pflanzen geführt (Lyr und Schewe 1975).

Tridemorph (Abb. 3) wirkt an Rinderherz ETP als Inhibitor am Komplex III und I, in abgeschwächtem Maße auch am Komplex II (Müller und Schewe 1976). Vermutlich sind hieran die Fettsäurekette und die negative Ladung des Morpholinringes beteiligt. In vivo lassen sich eine verstärkte Bildung von EPR und eine Stimulation der Zellwandsynthesen bei empfindlichen Pilzen nachweisen, was möglicherweise jedoch nur als Sekundäreffekt zu betrachten ist (Bergmann 1978, Polter und Casperson 1978). Wahrscheinlich ist ein Mehrpunktmechanismus anzunehmen, der einer Ausbildung von Resistenz gegen diesen Wirkstoff vorbeugt.

Dexon, ein relativer spezifischer Hemmstoff für Oomyzeten, wirkt offensichtlich nach Schewe und Müller (1978) im Flavinteil von Komplex I (Abb. 3), eventuell durch Bildung eines Sandwich-Komplexes mit FAD und NADH in den Mitochondrien. Daneben konnte auch eine Reaktion mit einigen weiteren Flavin-Enzymen nachgewiesen werden, während andere Flavin-Enzyme unbeeinflußt bleiben. Die Ursachen dieser Spezifität sind noch ungeklärt.

Völlig anders ist dagegen der Wirkungsmechanismus von *Terrazol*, das ebenfalls relativ selektiv gegen Oomyceten wirkt. Wie Abb. 4 bis 6 zeigen, kommt es unter Fungizideinfluß zu einer Lysis der Mitochondrien, die lokal in der Innenmembran beginnt und schließlich zur völligen Strukturauflösung führt. Weitere Untersuchungen erbrachten den Nachweis, daß hierfür die Stimulierung oder Induktion einer, wahrscheinlich membrangebundenen, Phospholipase A verantwortlich ist, da in vivo nach ^{14}C-Azetat-Pulsmarkierung eine deutliche Umwandlung von Lezithin in Lysolezithin unter Bildung freier Fettsäuren nachweisbar ist, was die beobachteten Effekte hinreichend erklärt. Die Atmungsintensität wird nach Maßgabe der Strukturzerstörung verringert, ohne daß eine selektive Hemmung der Atmungskette nachweisbar ist oder sich der Atmungsquotient verändert. Als sehr wirksame Antidots erwiesen sich Prokain und Ca^{++}. Die relative Selektivität beruht nach unseren Untersuchungen wahrscheinlich auf der besonderen Lipid-

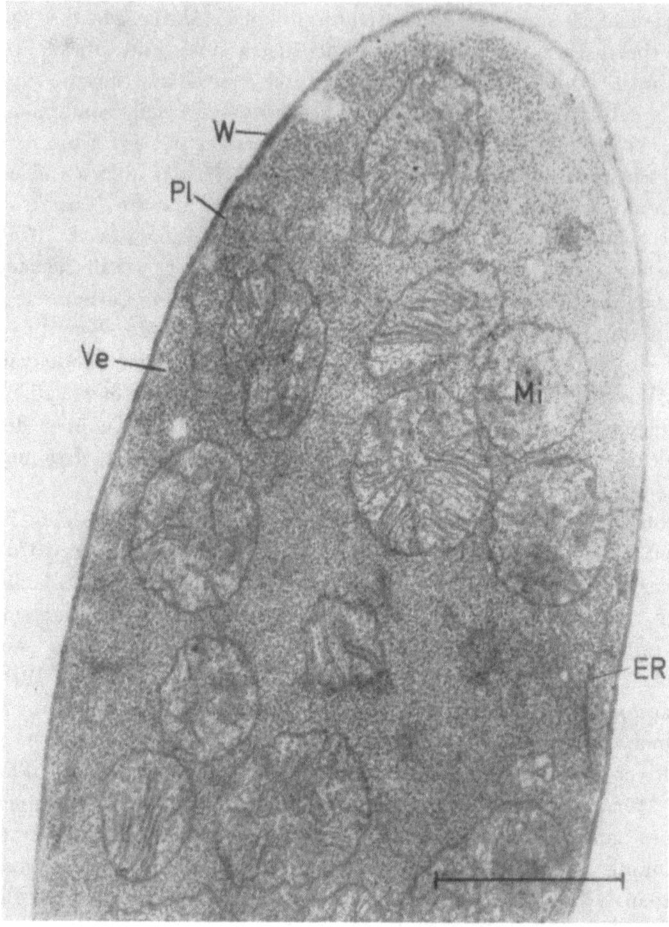

Abb. 4 Normale Ultrastruktur der Hyphenspitze von *Mucor mucedo* ohne Wirkstoffzugabe (nach 12 Stunden Kulturdauer) (nach Casperson und Lyr 1975)
(W = Zellwand, Pl = Plasmamembran, ER = Endoplasmatisches Retikulum, Ve = Vesikeln, Mi = Mitochondrium) Vergr. 1 : 26 000

zusammensetzung der Mitochondrien niederer Pilze, die sich durch einen hohen Phospholipid-Sterol-Quotienten auszeichnen (Lyr et al. 1977, Radzuhn und Casperson 1978).

Chloroneb dürfte ebenfalls am mitochondrialen System angreifen. Die Ursachen der Selektivität sind ebenso wie bei Dexon noch nicht geklärt. Typisch für die Wirkung ist eine Lysis der Mitochondrien empfindlicher Pilze (Abb. 7), verbunden mit Wirkungen auf die Zellmembranen (Werner et al. 1978).

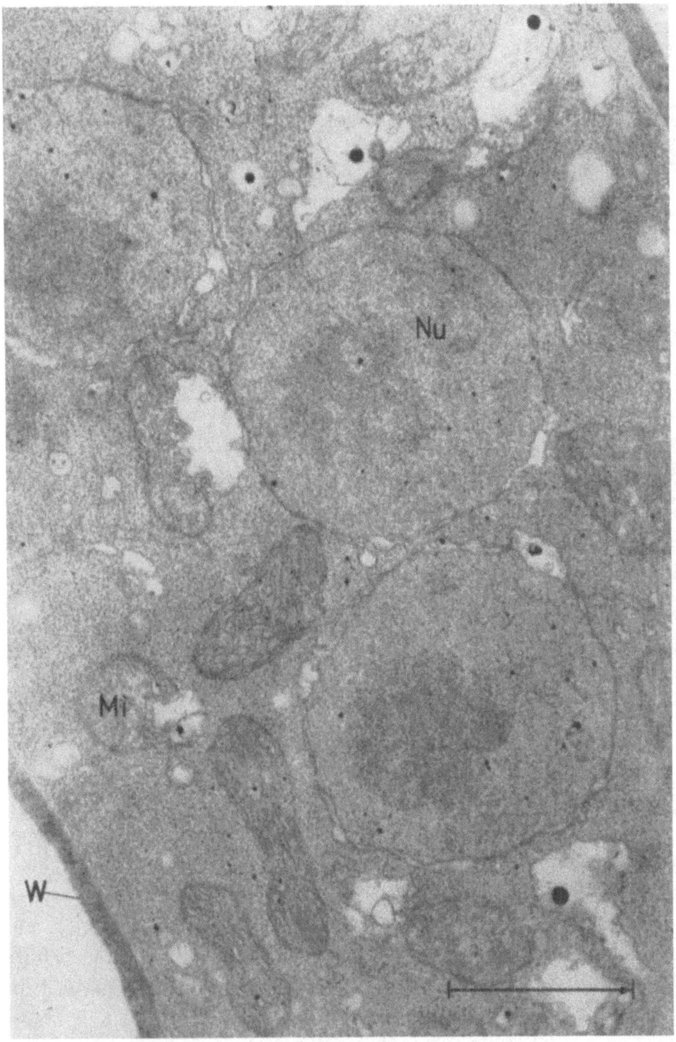

Abb. 5 Ultrastruktur einer Hyphenzelle von *Mucor mucedo* nach Zugabe von 10 ppm Terrazol (Kulturdauer 12 Stunden). Erkennbar sind Mitochondrien in verschiedenen Stadien einer lokal einsetzenden Lysis. Die Kernmembran zeigt eine pathologische Vesikelbildung durch Ablösung der äußeren von der inneren Membran (Nu = Nukleus, Mi = Mitochondrium) (nach Casperson und Lyr 1975) Vergr. 1 : 26 000

Die bisherigen praktischen Ergebnisse zur Chemotherapie von Pflanzen zeigen, daß mit Fungiziden der dritten Generation eine innertherapeutische Wirkung gegen zahlreiche Pilzkrankheiten zu erzielen ist. Der gegenwärtige Trend zur Ertragssteigerung in der sozialistischen Landwirtschaft unter Ausnutzung aller In-

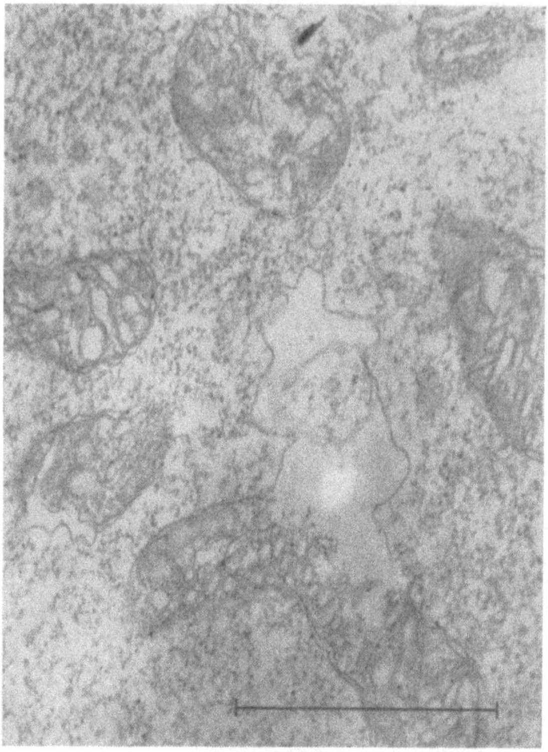

Abb. 6 Ultrastruktur einer Hyphenspitzenzelle von *Mucor mucedo* nach Einwirkung von 10 ppm Terrazol (2 Stunden). Die Cristae der Mitochondrien sind stark vakuolisiert, die innere Mitochondrienmembran und damit die Mitochondrienstruktur ist an einigen Stellen in Lysis begriffen, während die Außenmembran erhalten bleibt, aber sich stark vergrößert (nach Casperson und Lyr 1975) Vergr. 1 : 36 000

tensivierungsfaktoren verstärkt die Anforderungen nach einem wirksamen Schutz der Pflanzen und an die Wirkeigenschaften derartiger Präparate. Die rasche Entwicklung auf dem Gebiete der Bereitstellung von systemischen Fungiziden innerhalb von nur 10 Jahren zeigt, daß der chemische Pflanzenschutz auf diesem Gebiete ein neues Stadium erreicht hat. Gleichzeitig aber wird immer deutlicher, daß weitere Fortschritte in verstärktem Maße von einer theoretischen Durchdringung der Problematik besonders von biologischer, aber auch von biochemischer Seite abhängen werden. Mit einem gewissen Recht wird immer häufiger in Analogie zur Medizin eine solche Forschungsrichtung als „Phytopharmakologie“ bezeichnet, wobei hier nur die Fortschritte der therapeutischen Behandlung von Mykosen dargestellt wurden. Ähnliche Tendenzen zeichnen sich aber auch bei Entwicklung und Anwendung von neuen Wachstumsregulatoren, Bakteriziden, Herbiziden, Nematiziden, Insektiziden und Viriziden ab.

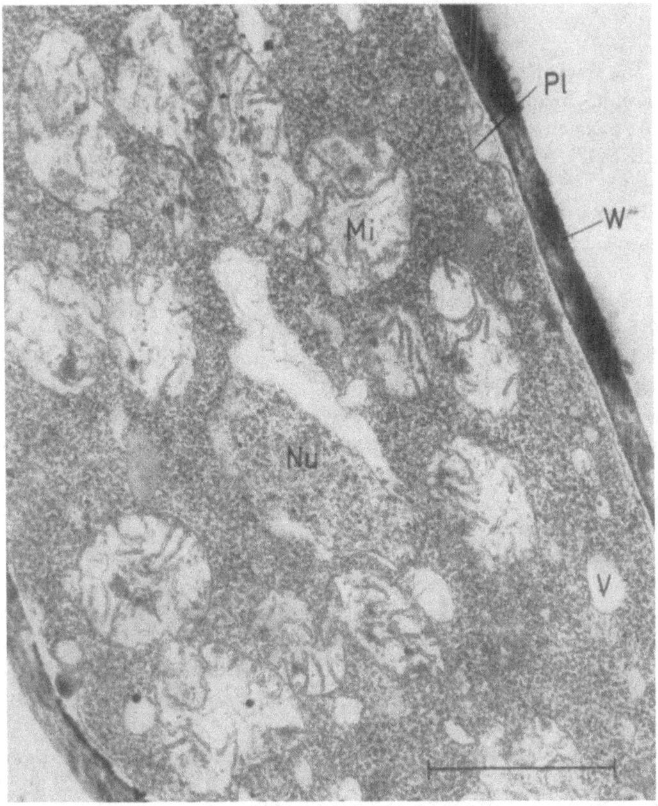

Abb. 7 Wirkung von 30 ppm Chloroneb auf die Ultrastruktur einer Hyphenzelle von *Mucor mucedo* nach 2 Stunden Einwirkungszeit. Die Cristae der Mitochondrien sind ohne vorherige Vakuolisierung in Lysis begriffen, die Außenmembran bleibt weitgehend unverändert.
Der Zellkern zeigt starke Vakuolenbildung im Membranbereich, die Zellwand ist abnorm verdickt, am Plasmalemma sind starke Vesikelbildungen erkennbar. Im Plasma bilden sich vermehrt kleine Vakuolen (Zeichenerklärung wie in Abb. 4 und 5) (nach Werner et al. 1978)

Offensichtlich bestehen ausreichende Möglichkeiten durch Ausnutzung besonderer physiologischer und biochemischer Differentialmerkmale zwischen parasitären Pilzen und ihren Wirtspflanzen, Wirkstoffe für innertherapeutische Zwecke zu entwickeln.

Zugleich erhält das Studium schon fast klassischer Probleme der Pflanzenphysiologie, wie die Mechanismen der Aufnahme und des Transportes von Substanzen durch die höhere Pflanze neue Impulse, kombiniert mit Untersuchungen über das Verhalten und den Metabolismus xenobiotischer Verbindungen in verschiedenen Pflanzen-Arten.

Literatur

Bergmann, H. (1978): Die Wirkung von Tridemorph auf Torulopsis candida. In „Systemfungizide" (Symposiumbericht) Abh. Akademie d. Wissenschaften.

Buchenauer, H. (1975): Systemisch fungizide Wirkung und Wirkungsmechanismus von Triadimefon (MEB 6447). Mitt. Biol. Bundesanst. Land- und Forstwirtsch. Berlin-Dahlem **165**, 154—155.

Cartwright, D., P. Langcake, R. J. Pryce and D. P. Leworthy (1977): Chemical activation of host defence mechanisms as a basis for crop protection. Nature **267**, 511—513.

Casperson, G. und H. Lyr (1975): Wirkung von Terrazol auf die Ultrastruktur von Mucor mucedo. Z. f. Allg. Mikrobiol. **15**, 481—493.

Clemons, G. P. and H. D. Sisler (1969): Formation of a fungitoxic derivative from Benlate, Phytopathology **59**, 705—711.

Davidse, L. C. (1975): Antimitotic activity of methyl benzimidazol-2-ylcarbamate in fungi and its binding to cellular proteins. In: "Microtubules and microtubule inhibitors" eds. M. Borgers and M. de Brabander, North Holland Publ. Comp. Amsterdam, p. 483—495.

Dekhuijzen, H. M., J. W. Vonk and A. Kaars Sijpesteijn (1971): Terminal residues of dithiocarbamate fungicides. IUPAC Symposium Tel Aviv, Butterworths London, p. 233—241.

Dekker, J. (1978): Use of antifungal antibiotics in agriculture. In: „Systemfungizide" (Symposiumsbericht) Abh. Akademie d. Wissenschaften.

Endo, A. and T. Misato (1969): Polyoxin D, a competitive inhibitor of UDP-N-acetylglucosamine: Chitin N-acetylglucosaminetransferase in Neurospora crassa, Biochem. Biophys. Res. Commun. **37**, 718—722.

Engst, R. and W. Schnaak (1974): Residues of dithiocarbamate fungicides and their metabolites in plant foods. Res. Rev. **52**, 45—67.

Gooday, G. W. (1978): Action of polyoxin on fungi. In „Systemfungizide" Abh. Akademie d. Wissenschaften.

Iwasa, T., E. Higashide and M. Shibata (1971): Studies on validamycins, new antibiotics III. Journ. of Antibiotics **24**, 114—118.

Kappas, A. and S. G. Georgopoulos (1974): Interference of griseofulvin with the segregation of chromosomes at mitosis in diploid Aspergillus nidulans. J. Bacteriol. **119**, 334—335.

Lyr, H. and T. Schewe (1975): On the mechanism of the cyanide insensitive alternative pathway of respiration in fungi and higher plants and the nature of the alternative terminal oxidase. Acta biol. med. german. **34**, 1631—1641.

Lyr, H., B. Laussmann und G. Casperson (1977): Zum Wirkungsmechanismus von Terrazol bei Mucor mucedo. Z. f. Allgem. Mikrobiol., **17**, 117—129.

Lyr, H. (1977 a): Mechanisms of action of fungicides. In: "Plant Diseases an Advanced Treatise" eds. Horsfall and Cowling, Academic Press New York Vol. 1, Chapter 13.

Lyr, H. und W. Seyd (1978): Die Wirkung einiger Fungizide und anderer Verbindungen auf die Chitin-Synthese in vitro. In: „Systemfungizide" (Symposiumsbericht) Abh. Akademie d. Wissenschaften.

Lyr, H. (1978): Differentialmerkmale zwischen Pilzen und höheren Pflanzen als Basis für eine selektive Wirkung systemischer Fungizide. In: „Systemfungizide" (Symposiumsbericht) Akademie d. Wissenschaften.

LYR, H. (1977 b): Effect of fungicides on energy production and intermediary metabolism. in: "Antifungal compounds" Vol. 2 eds. M. SIEGEL and H. D. SISLER, MARCEL DEKKER Inc. New York pp. 301—332.

MÜLLER, W. und T. SCHEWE (1976): Das Systemfungizid Tridemorph als Hemmstoff der Atmungskette von Elektronentransportpartikeln aus Rinderherzmitochondrien. Acta biol. med. germ. **35**, 693—707.

OHTA, N., K. KAKIKI and T. MISATO (1970): Studies on the mode of action of polyoxin D. Agric. biol. chem. **34**, 1224—1234.

POLTER, C. und G. CASPERSON (1978): Einfluß von Tridemorph auf Lipidzusammensetzung und Ultrastruktur von Botrytis cinerea. In: „Systemfungizide" (Symposiumsbericht) Abh. Akademie d. Wissenschaften.

RADZUHN, B. und G. CASPERSON (1978): Zum Wirkungsmechanismus von Terrazol. In: „Systemfungizide" (Symposiumsbericht) Abh. Akademie der Wissenschaften.

RAGSDALE, N. N. (1975): Specific effects of triarimol on sterol biosynthesis in Ustilago maydis. Biochim. Biophys. Acta **380**, 81—96.

SCHEWE, T., S. RAPOPORT, G. BÖHME und W. KUNZ (1973): Zum Angriffspunkt des Systemfungizids Carboxin in der Atmungskette. Acta biol. med. germ. **31**, 73—86.

SCHEWE, T., W. MÜLLER, H. LYR und D. ZANKE (1978): Ein molekulares Rezeptormodell für Carboxin. In: „Systemfungizide" (Symposiumsbericht) Abh. Akademie d. Wissenschaften.

SCHEWE, T. und W. MÜLLER (1978): Zum molekularen Wirkungsmechanismus von Dexon. In: Systemfungizide" (Symposiumsbericht) Abh. Akademie d. Wissenschaften.

SCHMELING, V. B. and M. KULKA (1966): Systemic fungicidal activity of 1,4-oxathiin derivatives. Science **152**, 659—661.

SISLER, H. D. and M. CH. TOKOUSBALIDES (1978): Effect of tricyclazole on melanin production and secondary fungal metabolism. In: "Systemfungizide" (Symposiumsbericht) Abh. Akademie d. Wissenschaften.

SHERALD, J. L., N. N. RAGSDALE and H. D. SISLER (1973): Similarities between the systemic fungicides triforine and triarimol. Pestic. Sci. **4**, 719—727.

SKENE, K. G. M. (1972): Cytokinin like properties of the systemic fungicide benomyl. J. Hort. Sc. **47**, 179—182.

VONK, J. W. (1971): Ethylenethiourea, a systemic decomposition product of nabam. Medial. Fakult. Landbouwetensch. Gent **36**, 109—112.

WERNER, P., H. LYR und G. CASPERSON (1978): Die Wirkung von Chloroneb, einigen Abbauprodukten und chlorierten Phenolen auf das Wachstum und die Ultrastruktur einiger Pilzarten. In: „Systemfungizide" (Symposiumsbericht) Abh. Akademie der Wissenschaften.

FSC
www.fsc.org
MIX
Papier | Fördert
gute Waldnutzung
FSC® C083411

Zeitfracht Medien GmbH
Ferdinand-Jühlke-Straße 7
99095 Erfurt, Deutschland
produktsicherheit@kolibri360.de